蔚蓝国度

系列丛书

珊　瑚　花　园

潮　和／著

大海与生命，自然与艺术

海南出版社
HAINAN PUBLISHING HOUSE

自　序

一

我是一个在渔村长大的孩子，自小家里住的是海景房，出门百米外就是海边。

自 3 岁开始随父亲出海捕鱼，5 岁的生日礼物是一张小渔网……

我常常跟在大人的屁股后面去赶海，每次捡的海螺不倒掉一半都背不回家。

我的童年就是在这清澈的海水、洁白的沙滩上度过的。在那个食物短缺的年代，故乡的大海给我们提供了无穷无尽的食物。

9 岁离开了家乡，多年来辗转各地上学、工作与生活，人到中年回到海口定居。

有一次回老家与表哥聊起了大海。

表哥说：“现在村子里的人都不捕鱼了，因为海……都干净了。”

我说：“海水现在越来越脏了，沙滩也没有了，怎么是干净了呢？”

表哥说：“因为水脏，鱼都死干净了，因为渔网眼越来越小，鱼都捞干净了……”

我很想到家乡的海底去看看，看看表哥嘴里的“海都干净了”是什么样子的？

于是我学会了潜水，又深深迷上了这项运动。

也许我的骨子里流的一半是血液一半是海水。

后来当了潜水教练，再后来成为职业水下摄影师，我不但看到了家乡的海底世界，也看到了世界各地的海底世界。

家乡的海底确实“都干净了”，那种没有生命迹象的干净。

家乡的海边却繁华起来了，那么多的海景别墅公寓取代了旧时渔村的珊瑚石头房。

……

我喜欢潜水教练这个职业，因为它能帮助普通人潜入大海，看到深蓝的世界，享受水中飞翔的自由自在。

我喜欢水下摄影，因为能通过镜头分享我看到的蔚蓝国度。

没到过海底，不要说你见识了世界！

二

面对大海，你看到的也许是风景，而我看到的是生命 。

地球的 70% 是海洋，海洋里蕴藏着各种神奇的生命与壮美的景观，说它是另外一个星球完全不为过，那里有着许多不为人知的秘密，每时每刻都在发生着各种或是惊险，或是温馨，或是有趣的故事。

本书从构思到成型历经 5 年，5 年来我潜入印度洋、太平洋、红海、南海、加勒比海，世界各地的海洋保护区，著名的生物繁衍地，远离陆地的无人区，偏僻的海岛渔村，以及祖国的西沙群岛。

拍摄了数万张数千种的海洋生物相片，数百小时的视频素材，这是一场从认识大海到认识生命再到认识自我的海底奇妙旅程。

本书以展现一个蔚蓝世界里的海洋生命为视角，围绕着珊瑚礁这一海洋生物家园为线索，以摄影图片为主，简短精练的文字为辅的表现形式，描述各种海洋生物之间的故事。

看了很多海洋方面的图书，不是在编撰上晦涩难懂，就是文字专业术语太多。对于海洋生物，多数国人的认知还停留在餐桌上的海鲜层面，要传授给他们所谓的纲、目、科等分类知识，相信他们看完即忘。我想，最好的知识传输方式就是讲故事，人们可以记不住故事中的人名，但是场景与内容一定是可以记住的，就像你常常说不出一个人叫什么名字，但你知道你是认识他的，这就是通过故事场景加强记忆的力量。

在文字方面，本人避开科普类晦涩难懂、术语众多的说明文式表达，文字力求通俗易懂的同时让读者理解与掌握到基本的认知。

这些年来，我每天只想一件事，那就是该用什么方式把我看到的海底世界展示给你们。

最后，我决定把图书内容简洁化，海洋知识通俗化，自然科学艺术化。我希望本书是一套集艺术性、科普性、娱乐性为一体的海洋文化作品。

它不仅仅是一本书，而是一个大海，一个世界。

我希望你打开此书时，一股海风扑面而来。

能看到海面波涛翻滚，海底温情如春。耳边鱼在叫，虾在笑；眼里螺在爬，蟹在闹。

诚然，我也知道书中还有很多的不成熟之处，摄影作品比不过大师们，文字功底比不上职业的，专业知识比不上科学家们，等等。

但那有什么关系？只要你们懂得我想告诉你们的那种迫不及待，我就知足了。

只要出生，即便稚嫩，也是生命；是生命，就会有力量。

我尝试着把自己当作一名海洋的记录者，记录一个蔚蓝的国度，那里有风景，有生死，有故事！

潮和 2018/4/3

目　录 | Contents |

珊瑚礁是由无数个死亡的造礁石珊瑚的尸体经过漫长的岁月堆积而成。它们前赴后继，积骨成石，石多成礁，礁大成岛。

新的珊瑚生命不断地在先辈们的尸体上繁茂生长，珊瑚礁是海底的热带雨林，是海洋生物的花园小区，为大多数的海底生命提供了繁衍生息的优越环境。

它们就是水下生命的天堂。

第一章

这里是水下天堂……

大海有了岛，于是不再寂寞

岛屿由几种情况形成：地壳的变化，海洋使大陆架分离形成；海底火山喷发形成；
珊瑚礁成长与死亡的残骸形成。有些岛屿有土壤，有些只有沙子与珊瑚尸体。

我在海底慢慢成长，待我长出海面成岛，你来看我可好?

圣甲虫

在古代埃及，

圣甲虫是守护着法老的神物。

而我在海底，

居然看到了与圣甲虫一模一样的珊瑚礁造型。

这次它守护的是一条大鳗鱼。

大海有了珊瑚礁，就有了生命

蓝色为夜空，小鱼如繁星，
生命才是这星球上最美的风景。

会造礁的石珊瑚

石质珊瑚是珊瑚虫不断为自己建造的骨骼，在漫长的岁月里，珊瑚虫们前赴后继，用自己的生命建成一座又一座的珊瑚花园

伪装

一只东星斑在珊瑚礁上狩猎，
它即使进化到了与珊瑚模样相差无几，
还是难逃人类对它美味的需求。

造礁珊瑚上的一束红

大自然是最好的艺术家，

常常自行创作自己的作品，

而不懂欣赏的人类，常常破坏殆尽。

色彩斑斓的珊瑚礁

与

它的居民们

越是健康的珊瑚礁，鱼气越旺

各种海底居民们按自己的能力与需求，
住在珊瑚礁那结构精妙的各式户型中。

小鱼紧紧围绕着珊瑚礁盘玩耍，以便敌人来时瞬间就躲进自己家里。

软与硬

珊瑚礁上会长出像树模样的柳珊瑚，如植物一般，
而海百合会假扮成花朵跑到柳珊瑚上开放，
海星为了躲避洋流，也觉得“大树底下好乘凉”。

珊瑚的白化

由于人类工业文明的发展，
各种排放使全球变暖，
被污染的地表水流入海洋，
污染与水温的升高让珊瑚虫开始大面积死亡，
如不加以保护，珊瑚礁预计在五十年后尽数死亡，
那时，海底剩下的是白花花的珊瑚尸体，
如动物死亡后的骨骼。

海底那些神奇的风景

巨大的珊瑚礁会形成海底山峰、洞穴等奇观。
正午的阳光穿过海水，
从空隙中射入海底洞穴，形成了天堂光。

有时候，我感觉像在崇山峻岭中飞行

海底溶洞

有些溶洞，也许是火山喷发形成

超越地平线的浪漫

海洋是个魔法师，变出了珊瑚花园，变出陆地上没有的颜色与造型。

那里盛开着灿烂鲜艳的软珊瑚丛。

我没去过天堂，但我想天堂也不过如此。

它们是风景，更是生命。

第二章

海底也繁花似锦，落英缤纷……

软体珊瑚

它们是珊瑚礁上的花园，如各种奇花异草。
虽然是软体，但躯体里是有骨骼的，
不然怎么抵抗海底的洋流？

粉色的生命

它看似娇滴滴的，弱不禁风，
可是它躯体里有着坚韧的骨骼，
使得它不惧风浪强流。

鸡冠珊瑚

张嘴进食

逆生长

万物生长并不是都朝太阳，应该是朝光的方向。

有的软珊瑚生长在礁石底部，

能更好地躲避风浪与洋流。

白玉螺

白玉螺的外壳是白色的，
但它的肉体却是鲜红的，
以便在它肉身出壳行走觅食时，
能与宿主珊瑚的颜色高度统一，
这就是伪装共生与进化的力量。

大部分的鱼都是不喜欢拍照的，
这只在珊瑚花园里乘凉的甜唇鱼就被摄影师打扰了。

群芳争艳

海百合

它会游泳，会爬行。

它找到了一个好位置，用爪子抓牢礁石，然后张开所有的触手，

就像孔雀开屏一样，开始捕猎水中的浮游生物。

夜里绽放

海　绵

有时游着游着眼前会出现很多这样的盆桶状的东西，

它们是桶状海绵，可过滤海水并以其中的浮游生物为食。

我常常有把脑袋伸进去的欲望，

但一想起电影中的食人花——还是算了吧。

海绵是过滤海水的重要力量，
每天水流经过它的体内，然后它把可食用的浮游生物留下，
如果海水有毒杂质太多，就会把它呛死。

海绵的造型是最具有创意的，

海洋不需要椅子，它却想你有空来坐坐。

蓝海蛸

它们寄生在珊瑚石上，如绽放的花朵。

壶海蛸里有着最精妙的建筑结构，
它吸海水里的浮游生物为食，
是微小生物的寄居场所。

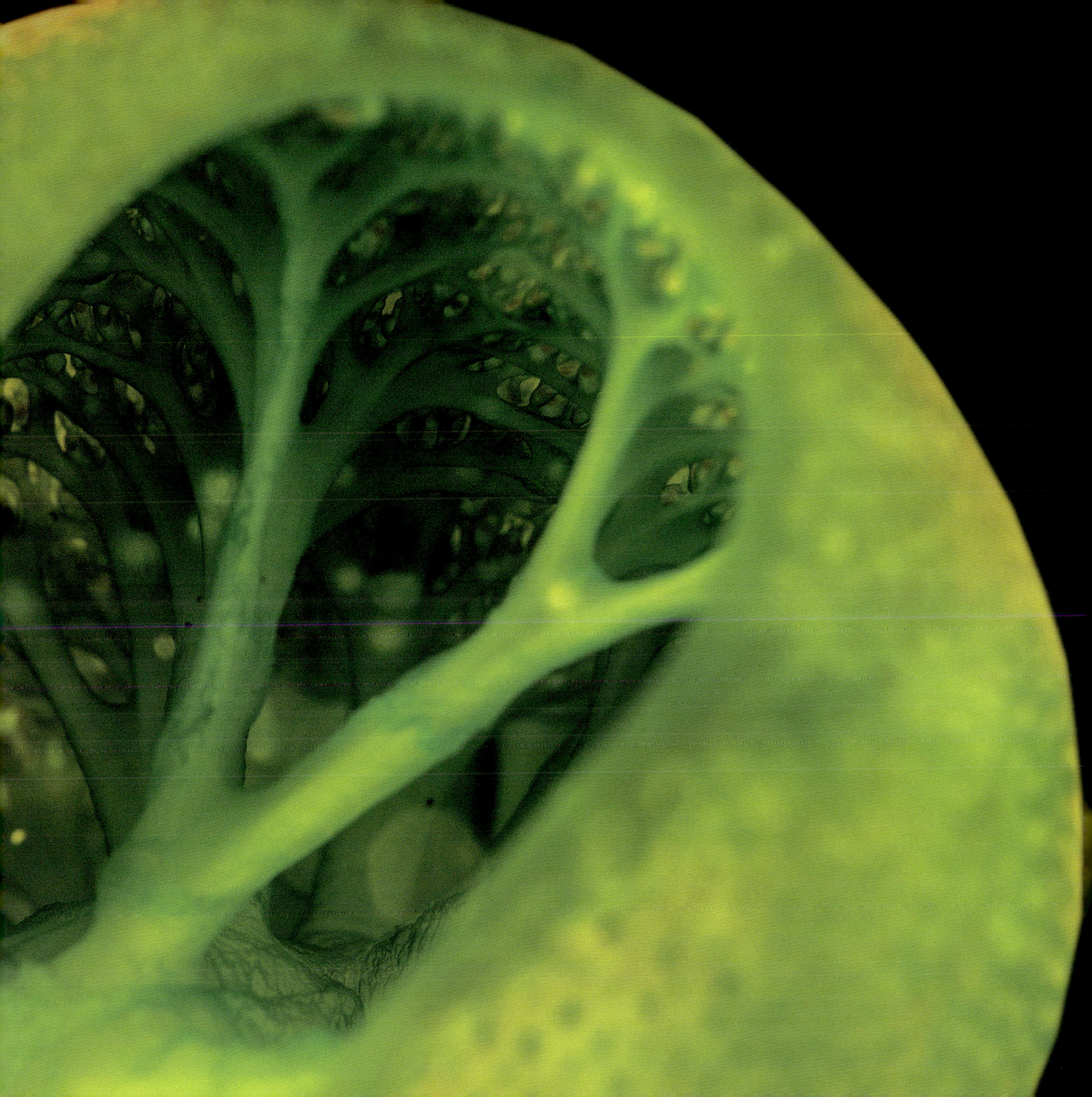

像绒毛般在水中轻扬

软珊瑚依靠非常细微的触手
捕捉水里的浮游生物为食，这些触手像纤细的羽毛，
在水中飘扬。

千手软珊瑚

摇曳在水流中

盛开的千手佛

太阳花

海底的柳枝

有树干，有枝叶，有枝条，
但它们不是树，是柳珊瑚。
许多人觉得漂亮，喜欢占为己有，
却不知，这也是一个生命，
离开海水后只有坚硬的躯干。

玻璃鱼最喜欢围着海扇了，
海扇就是小鱼们抵挡外敌的长城

它们不是飞鸟，
却喜欢栖息在树上

没有人设计，

自然地生长却搭配成最美的花园。

海鞭进食时就会胀大

孤独的海鞭

海鞭珊瑚上的小鱼风暴

软、硬珊瑚的相互呼应，
巧妙地点缀，使海底变得生机盎然。

管口鱼与它的家

有着“硬骨头”的海柳

海扇珊瑚

摄影师、海扇与玻璃鱼

气泡珊瑚

每个气泡如手指大小，

饱满丰韵，

许多小型生物喜欢在这里安家。

气泡珊瑚中的小不点儿

如珍珠般晶莹透亮，

泡泡中伸出的小手

海洋是个画家，

调出了世界上最不可思议的颜色

海洋里有很多色彩是陆地上没有的，

它像一个魔术师，

能变出最美的图案与颜色。

不会凋落的“花”

隐藏是小生命们生存的共同伎俩

生命本身无高低贵贱，你有你的鱼道，它有它的蟹法。

想快乐安然地活着，大家都要努力进化，更新技能，

否则就得过着流离失所、危机四伏的生活。

我们看看珊瑚礁上的居民们如何巧妙地度过这一生的。它们不能失败，失败一次，也许就是一生。

第三章

它们巧妙地度过这一生……

海胆森林

火焰海胆的刺是有毒性的，

所以身体发出火一般的警告。

偏偏有许多小家伙把海胆身上的毒刺当成安身立命的森林，

吃、住、行都在上面。

对于这些从几毫米到几厘米不等的居民们而言，

火焰海胆的身体就是它们的星球。

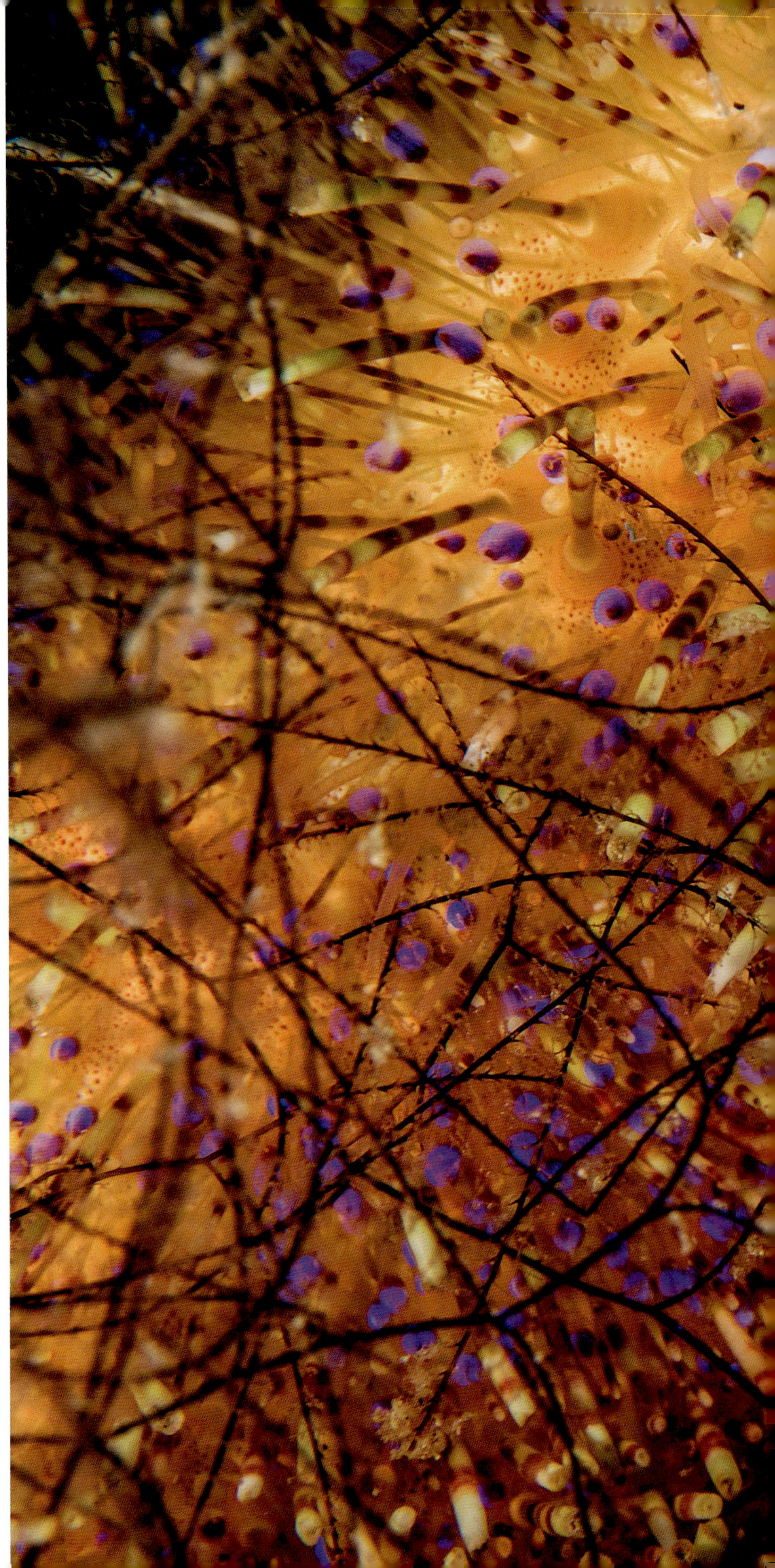

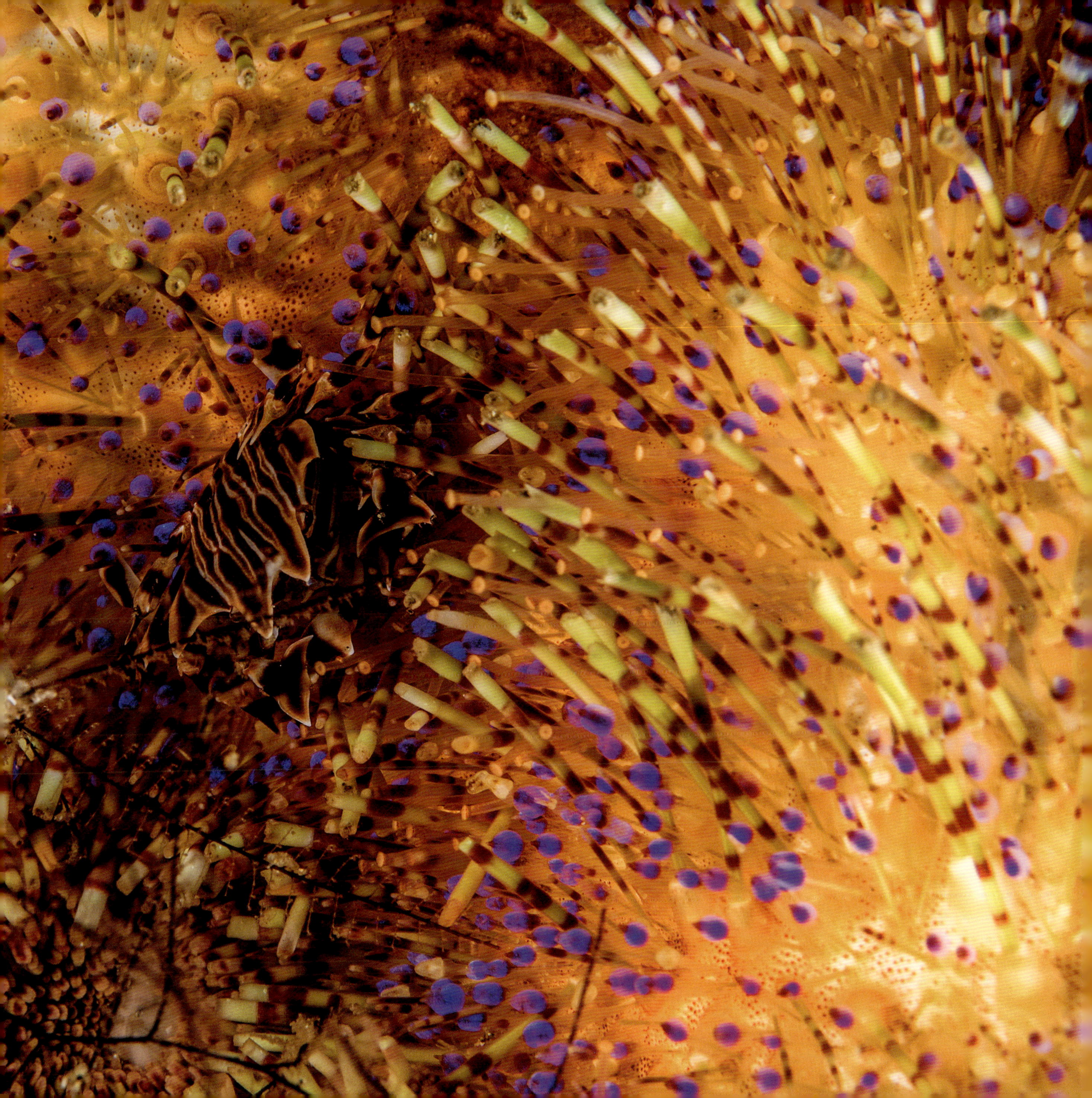

火焰海胆身上的斑马蟹

海胆的排泄口

老实的海龟

它寿命很长，却因为老实憨厚，加上生存技能老化，常常生命短暂，
从出生在海滩上被海鸟与螃蟹追逐开始，
到不时露出水面呼吸被人类捕捉，它的一生，就是「老实人」的一生。

对视

一只海龟看到摄影师在拍它，

然后好奇地看着水下相机镜头罩上自己的倒影，

也许它在说：“嗨！哥们儿！”

原来，它也吃素的

别跟着我

海马

我只是鱼，不是药，

不能治病，也不能壮阳，请别用酒泡我。

新娘

这只豆丁海马栖息在红管柳珊瑚上，
刚好珊瑚虫张开所有的触手在觅食，
就像开满了鲜花，鲜花映红了小海马的脸颊，
它像要入洞房的害羞的新娘。

豆丁海马是世界上最小的海马，
生活在水深 15—25 米的热带、亚热带海域，
身体最长 2 厘米，栖息在海柳珊瑚上，
由于与珊瑚同颜色，所以很隐秘，非常罕见。

管海马

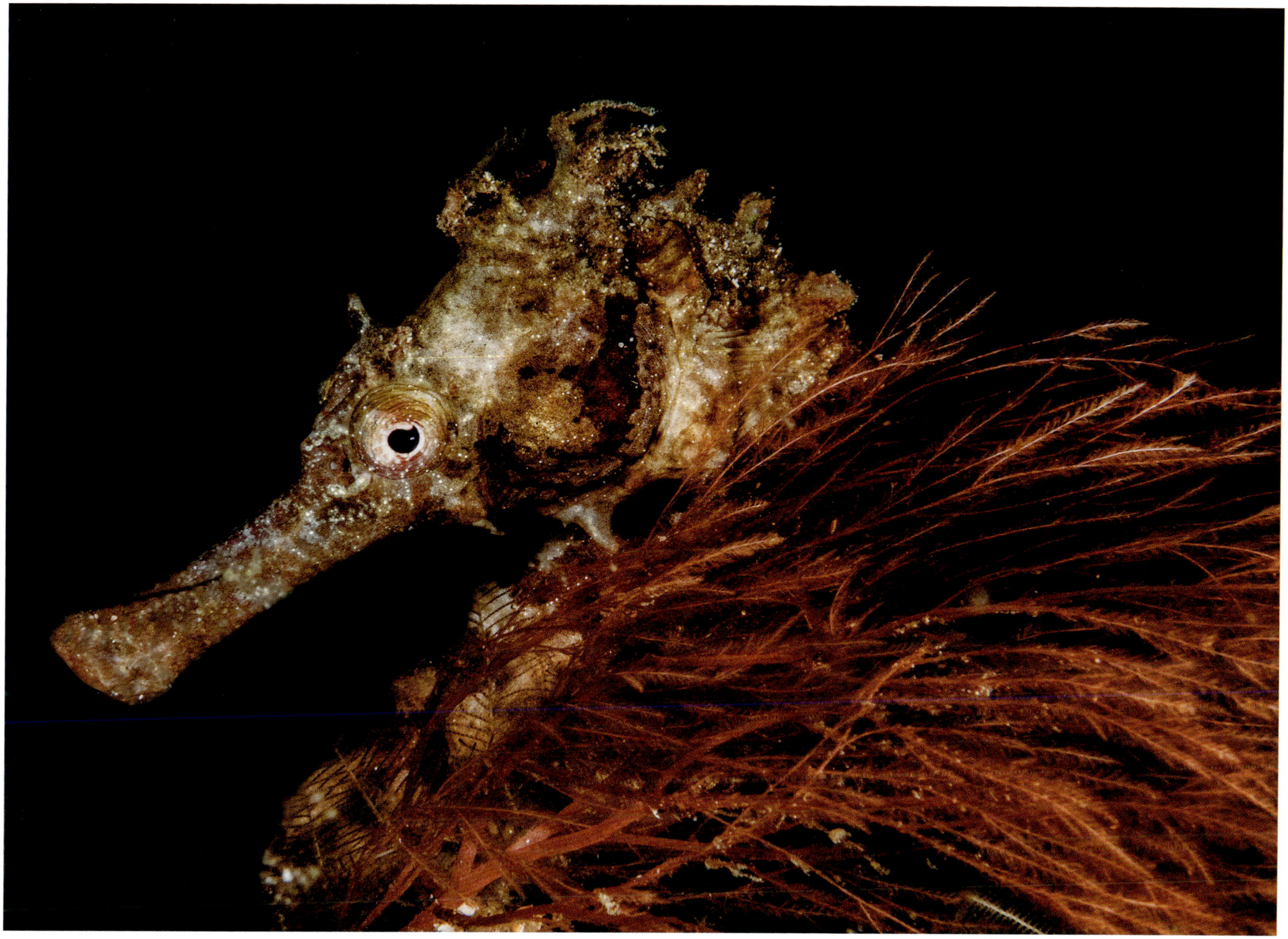

海藻如鬓，刺海马像一匹烈马，在飘逸地奔驰

海　蛇

眼镜蛇是它的近亲，分分钟能要你的命，但天生胆小又害羞，

你不惹它，它不咬你。

海蛇喜欢在近岸的珊瑚礁上活动，
以小型甲壳动物为食，
虽然身藏巨毒，但非常温柔，没有攻击性。

海 兔

它只是长得像兔子而已，真名叫海蛞蝓，喜欢吃海藻，

吃什么颜色的食物就会变成什么颜色。

前世是贝类，后来外壳慢慢进化没有了，

脱下了沉重外壳后就成“裸奔”了。

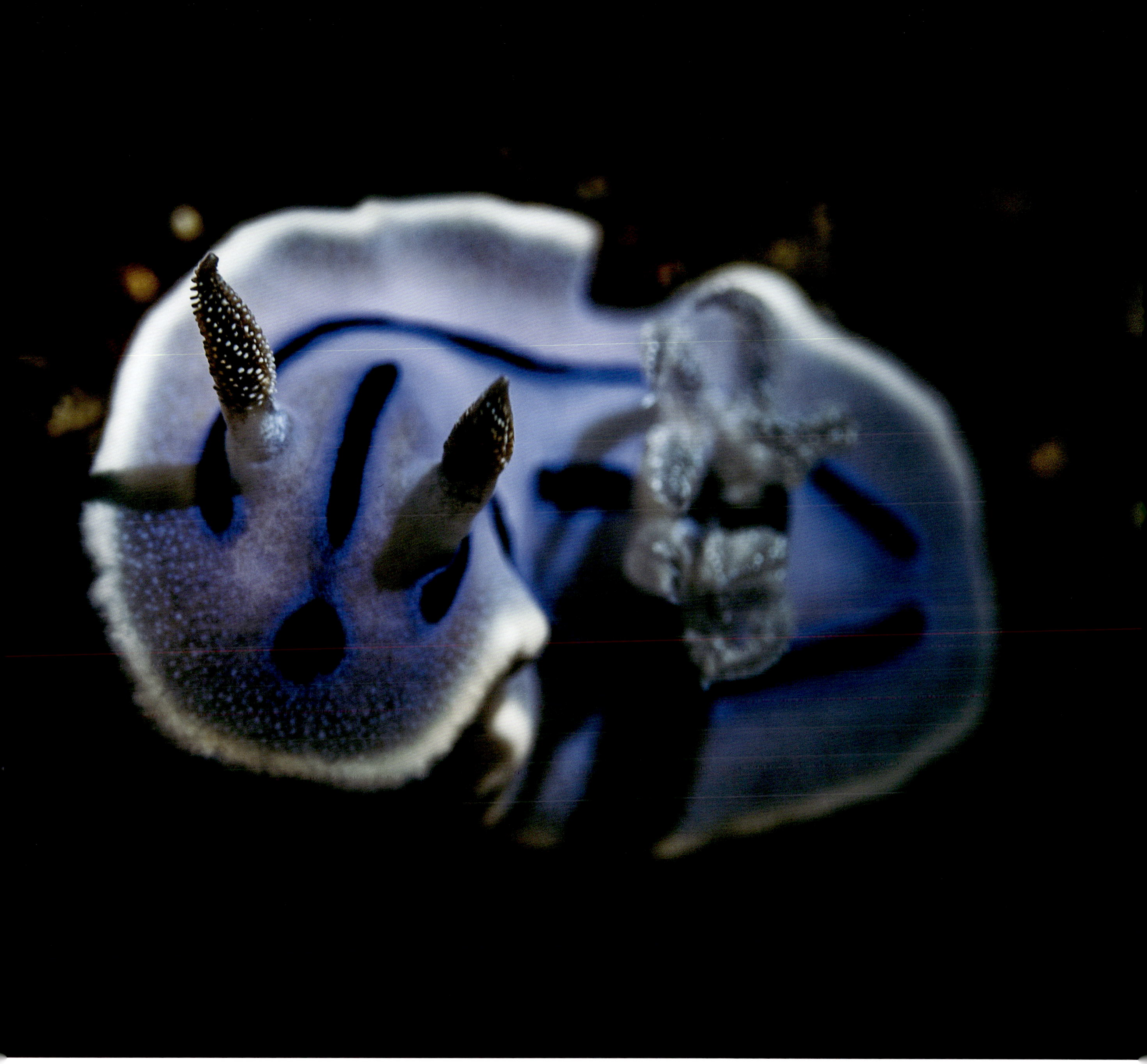

两只海兔正在交配，

身上居然还趴着一名围观者。

春　天

一只海兔趴在海藻上，

像极了江南的春天，

春蝉叫绿了杨柳。

辫子海兔：“里面有人吗？”

两只小可爱

因像孩子们喜欢的糖果，所以也叫糖果蟹。

软珊瑚蟹

它们潜伏在各种软体珊瑚中，依靠颜色与形状的同化而生存着。
一般只有花生米大小，肉眼难以发现，
多用超级微距镜头拍摄。

珊瑚瓷蟹

在清澈的海水里，一束阳光穿过茂密的珊瑚丛，
一只小螃蟹从黑暗的洞穴中爬出来，
趴在阳光下享受着海底的温暖。

海葵里隐藏的不是猩猩，是猩猩绒毛蟹

气泡珊瑚里的金翅雀鲷

海绵上的蜷伏龙虾，它只有 1—2 厘米大小

蜷伏龙虾在海绵上苟且偷生

粗点海葵蟹

一只长得与珊瑚一模一样的小螃蟹，你能发现它吗？

火珊瑚上的伪装蟹

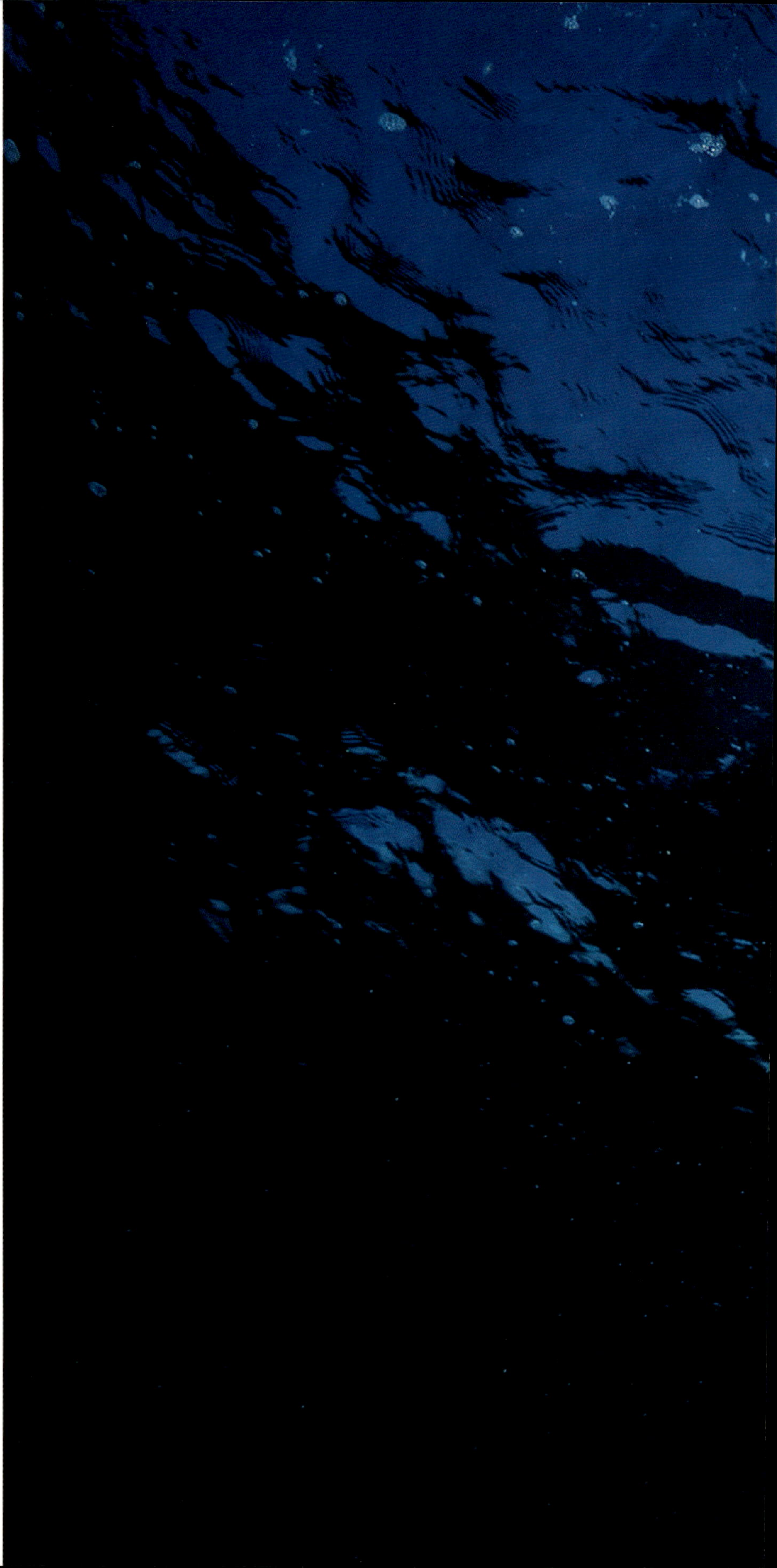

水母

地球上最古老的生物，
身体里主要成分是水，
所以就伪装成了水。

一只透明的水母飘游在水中，
几乎与海水颜色相同，唯有它的裙边发出淡淡的荧光，
一只米粒大小的寄生虾牢牢地抓在水母身上，进行着免费旅行。
摄影师用特殊的拍摄手法，
成功地表现出了它们美妙的身姿。

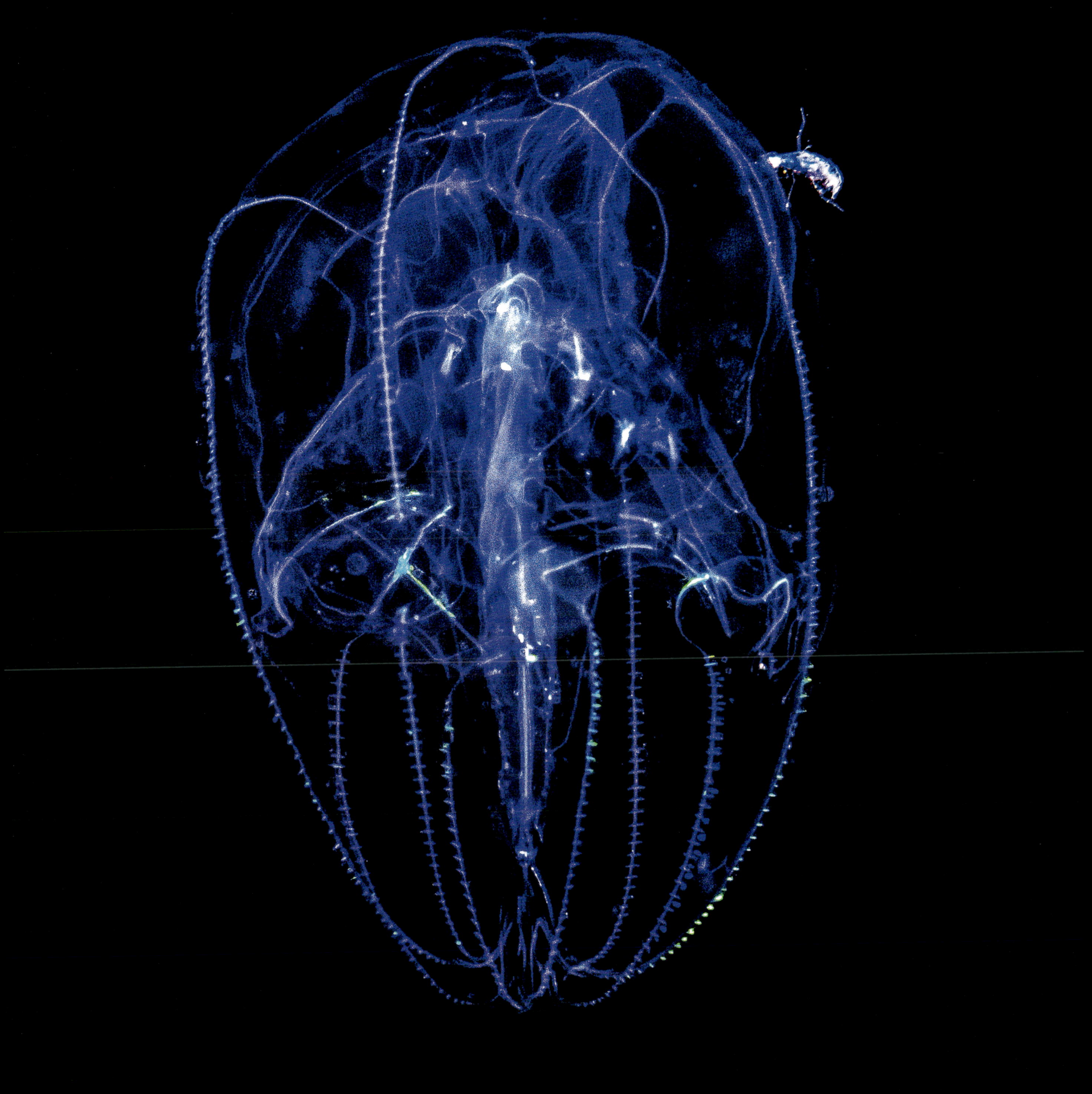

“善变”的乌贼

珊瑚礁是乌贼的食堂。

因为它是个魔术师，

可以变换任何颜色、任何造型，

所以捕食对于它几乎不伤脑筋。

巨型乌贼

一只刚刚上幼儿园的小乌贼

章鱼的智商

它的聪明完胜猴子，像人类一样会使用工具。
这不，这只章鱼找到了一个杨桃螺壳为家，
后来发现家不掩体，又找来一个蛤蜊壳为门，
就算逃跑，也不忘“拖家带门”的。

这下安全多了，关门睡觉

章鱼发现了危险，急忙从家里钻出来要逃走，

可是怎么也舍不得它千辛万苦找到的房子，

于是把房子与门一起搬着逃跑了，看来世间万物，皆有贪念。

火焰章鱼

它用鳍走路，

遇到骚扰或发起攻击时，身上会不断闪烁着火焰般的光芒。

漫步在沙地上的火焰章鱼

别看我小，我脾气很暴躁的，一发怒身上就像火一样，咬到你小命玩完。

蓝环章鱼

虽然号称海洋第一毒物，

但平时很害羞的，

常常会装成一坨屎把自已藏起来，

发起进攻时你才会看到它的美丽。

当身上蓝环闪烁时，

那是在警告猎物：“你离死不远了。”

一只章鱼找到了空瓶为家

星际迷航

夜晚，
一只小鱿鱼像外星生物一般，
游荡在充满尘埃的海水里。

鱿鱼喜欢灯光，在夜晚的海里，
它发现了摄影师的灯光，
于是游了过来，
旁若无人地在镜头前翩翩起舞。

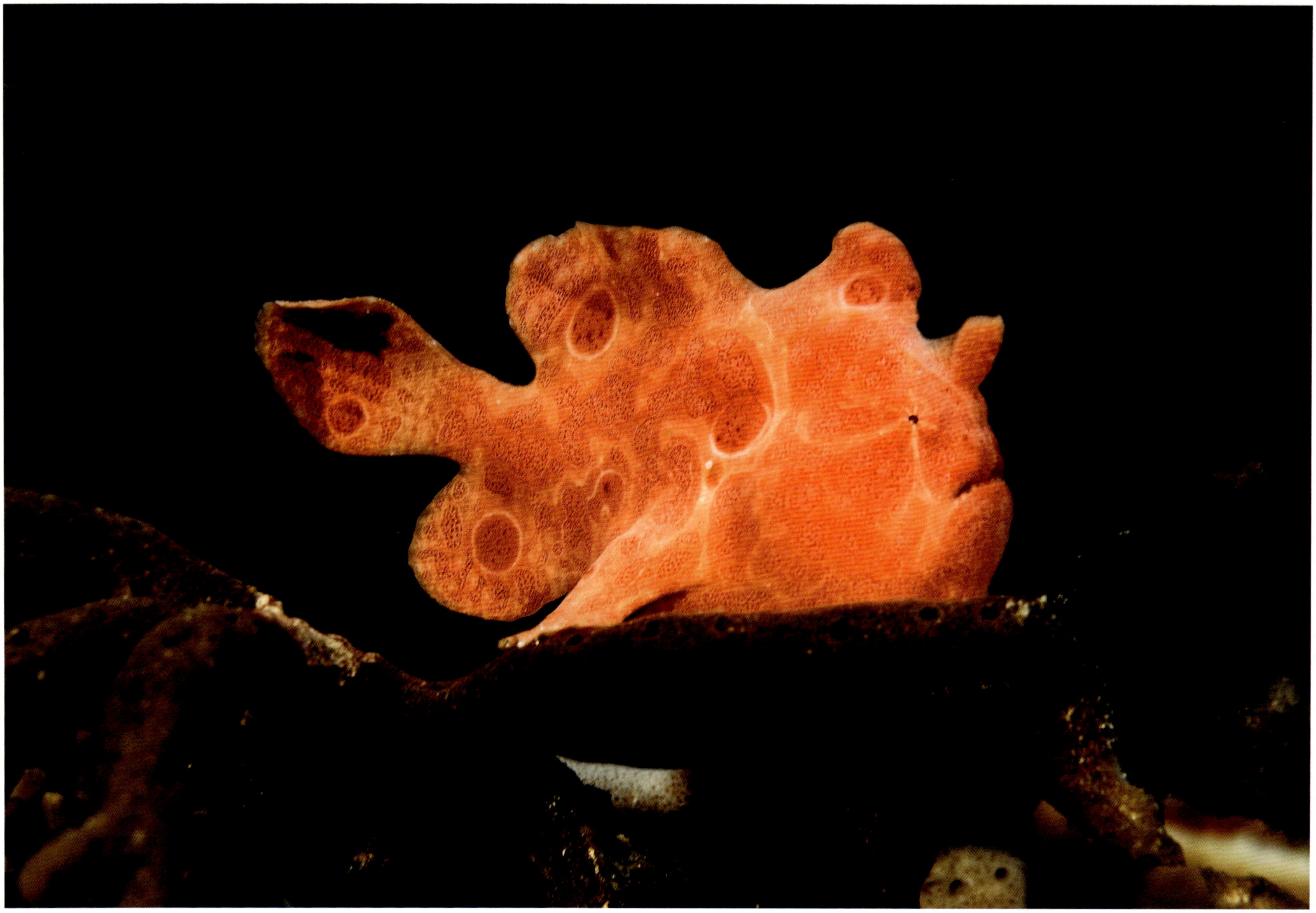

躄鱼，不会游泳的鱼，鳍已进化成了脚，

常常装成一块海绵，坐等猎物上门。

马鞭鱼

躺着也能捕猎的比目鱼

一只鱼虱牢牢地吸在这条雀鲷的脑袋上，
用口器扎入小鱼的身体，
小鱼就成了它的宿主，
它靠吸食宿主的营养活得油光满面。

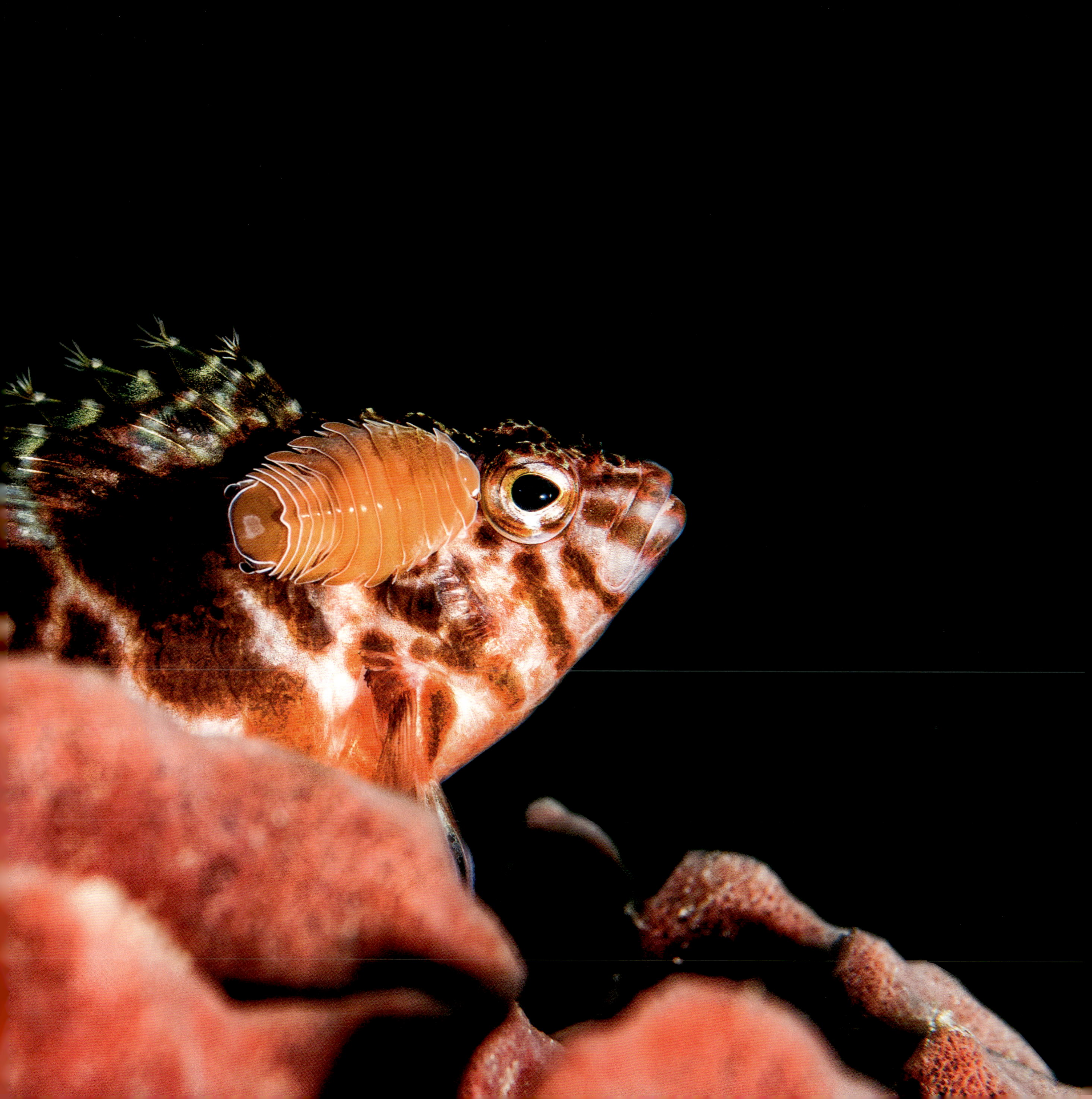

长嘴鹰鱼喜欢蹲在柳珊瑚上，
也许真的把自己当鹰了。

嘴巴小的鱼一般都能做朋友，
因为都吃不了对方，
最多不过是为了吃珊瑚礁上的海藻而争地盘，
你追我赶而已。

玻璃鱼

身体透明，以海扇珊瑚为家，喜欢群居。

玻璃鱼群与东星斑

风暴

再小的个体，

只要团结起来，也有飓风的力量。

当鱼群成了风暴，

那瞬息万变的队形与鳞片闪烁的光芒，

常常令敌人无从下手。

当然，你千万不能掉队，

别忘了，敌人在等着你。

在水深约 25 米处，一大群鲭鱼在变化各种阵法，以吓退在旁边虎视眈眈的各种大鱼。
大鱼们与摄影师都在静静看着鲭鱼的表演，
而大鱼最终会看准时机冲进风暴中，一场生死追逐开始了……

如果小鱼们知道，

它们活着就是为了给大鱼当食物的，那它们还会挣扎逃跑吗?

海狼风暴

鱼视眈眈

海　鳝

你看到它笑了，

那是它优雅地告诉你：“滚远点！”

海鳗宝宝从洞里探出脑袋，好奇地看着摄影师。
在保护良好的海域，海洋生物并不把人类当成天敌。

蝴蝶鱼

以珊瑚礁上的海藻为食，

这样可以避免因海藻过度繁殖而造成的珊瑚虫窒息，真是吃饱了自己，帮助了他人。

曲纹蝴蝶鱼

珊瑚礁上的美少女，一身华服，如蝴蝶一般。

身材极好，喜欢吃素。

鲸　鲨

它是世界上最大的鱼，也是最温顺的鱼，
以吸入大量的海水并过滤水中的浮游生物为食。
人类要有这个功能，能喝西北风就饱了，那该多好。

午　餐

正午阳光猛烈的时候，
海洋的浮游生物也最活跃，
于是鲸鲨就出来用餐了。

每只大鱼都有小弟跟班的，
它们负责打理大鱼们身上的卫生，
但这只鲸鲨的小弟明显太少了，
而且跟班跑在老板前面的很少。

亲　吻

两只鲸鲨在水面觅食，

像情侣深情地亲吻。

人鱼情

有的地区，把鲸鲨常常出没的海域当成了旅游地，
游客们在船上就能欣赏到它美妙的憨姿。

开心的鳚鱼

胆量小，好奇心却很强，

钻在洞里还时不时探出脑袋看看敌人走了没有。

天生亲和力好，生气也微笑。

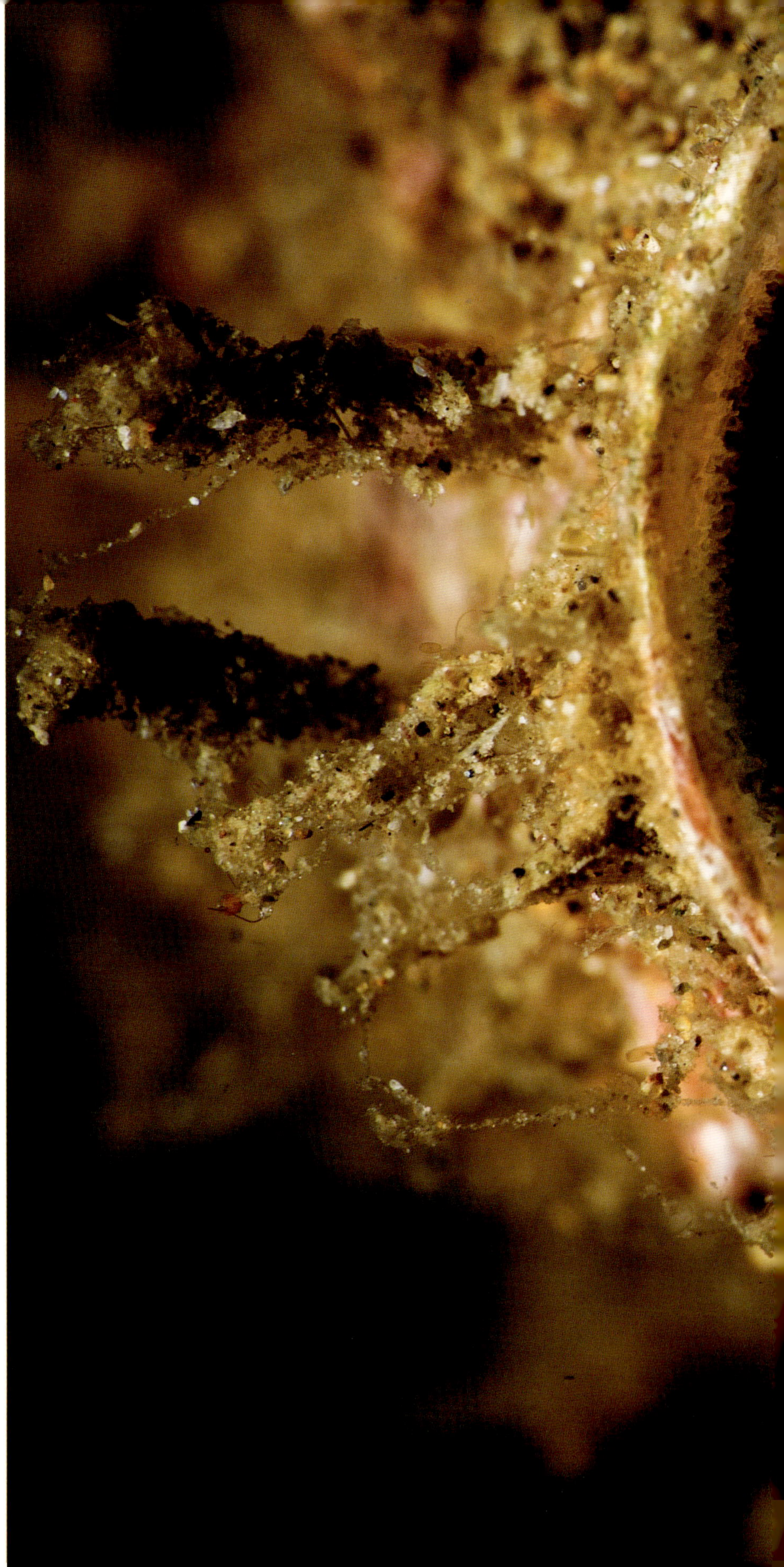

出来看看

嗨！我是豹鳚鱼

求偶失败的麒麟鱼

麒麟鱼

最会恋爱的鱼，一般会在黄昏时间在水深 10 米以内的珊瑚丛中嬉戏，追逐选偶，相中后两鱼同时钻出珊瑚丛，在水中交配，一遇惊吓瞬间又钻入珊瑚丛中。所以我一般会在黄昏时趴在礁盘上守候着它们出水那一瞬间按下快门，可是相片中常常鱼没了，只有精子与卵子……有时，我连他们下一代都拍到了。

群居伙伴

不是只有弱者才喜欢群居，

有时候强者也喜欢群居，

大概因为团队协作、集体捕猎比较方便。

海底那么大，也不知它们挤什么

鳗鲇

淡水里的鲶鱼是它的近亲，不同的是它的鳍两边有毒刺，

别摸，它会让你哭。喜欢拥挤成群觅食。

成双结对的条纹胡椒鲷

六孔胡椒鲷

像剃刀一般的玻甲鱼，
喜欢站着游。

鲨鱼不吃人

鲨鱼吃人是一个谣言，是来自文艺作品的误导。全世界有 380 多种鲨鱼，有攻击性的不过十几种。
虽然有时会有鲨鱼咬伤人类的新闻出现，但那都是属于鲨鱼的误伤行为，
它以为人类是它的食物，事实上人类并不在它的食物链中，而鲨鱼伤人的新闻每年也是极少的。

与鲨同游

远洋白鳍鲨在航海史上有过攻击落水船员的记录，但为了替鲨鱼平反，我还是带着学生去了埃及红海，拍了一个与鲨同游的视频。

沉船底的白鳍鲨

躲在珊瑚礁里的礁鲨

须鲨

身上长满了“胡须”，像圣诞老人一样，
它猎食时潜伏在洞穴与沙地中，静候路过的小鱼。

蛇鳗的身子都在沙子洞里，
能看到的只有脑袋了，喜欢逆流张嘴，
过着饭来张口的生活。

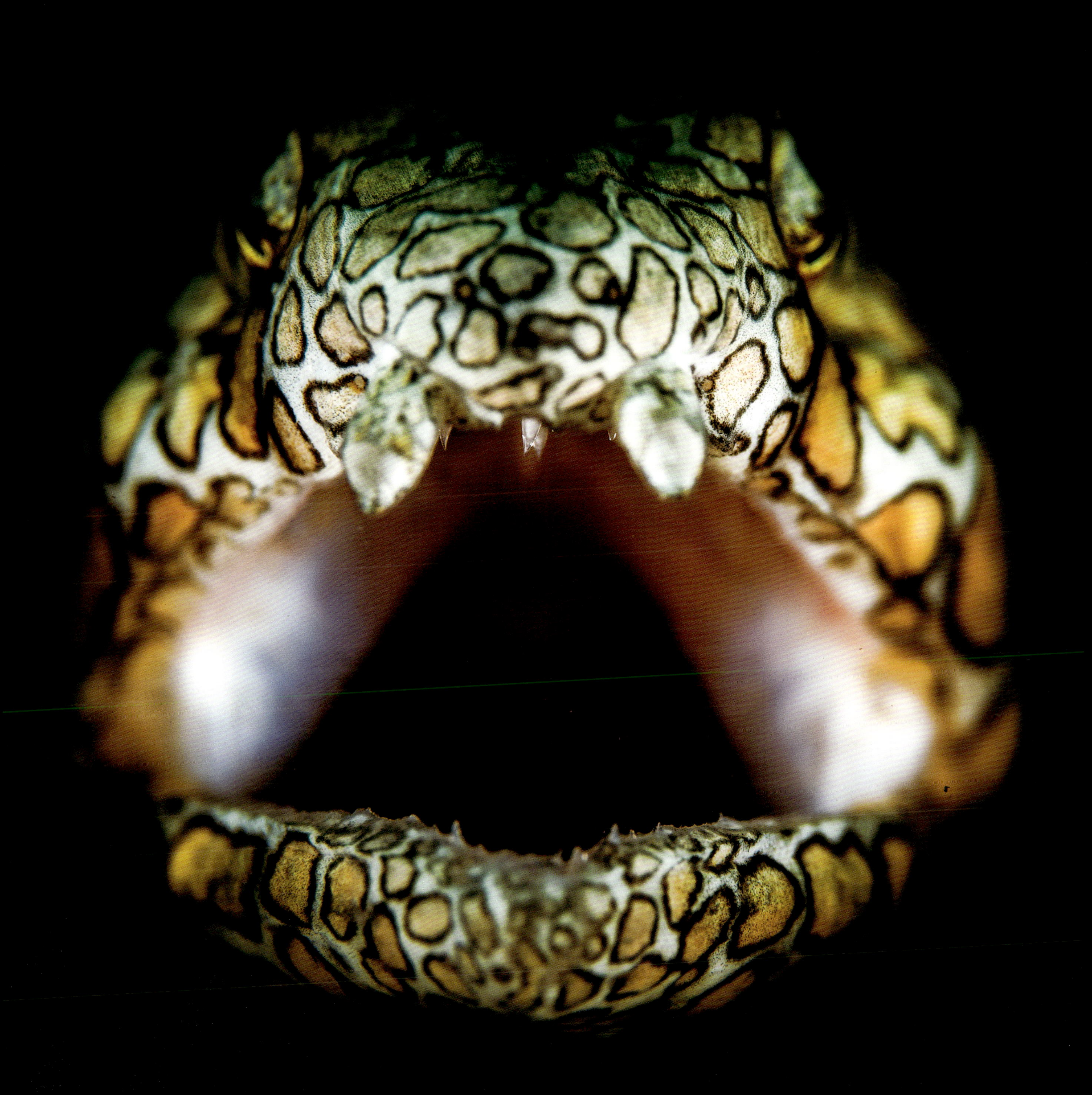

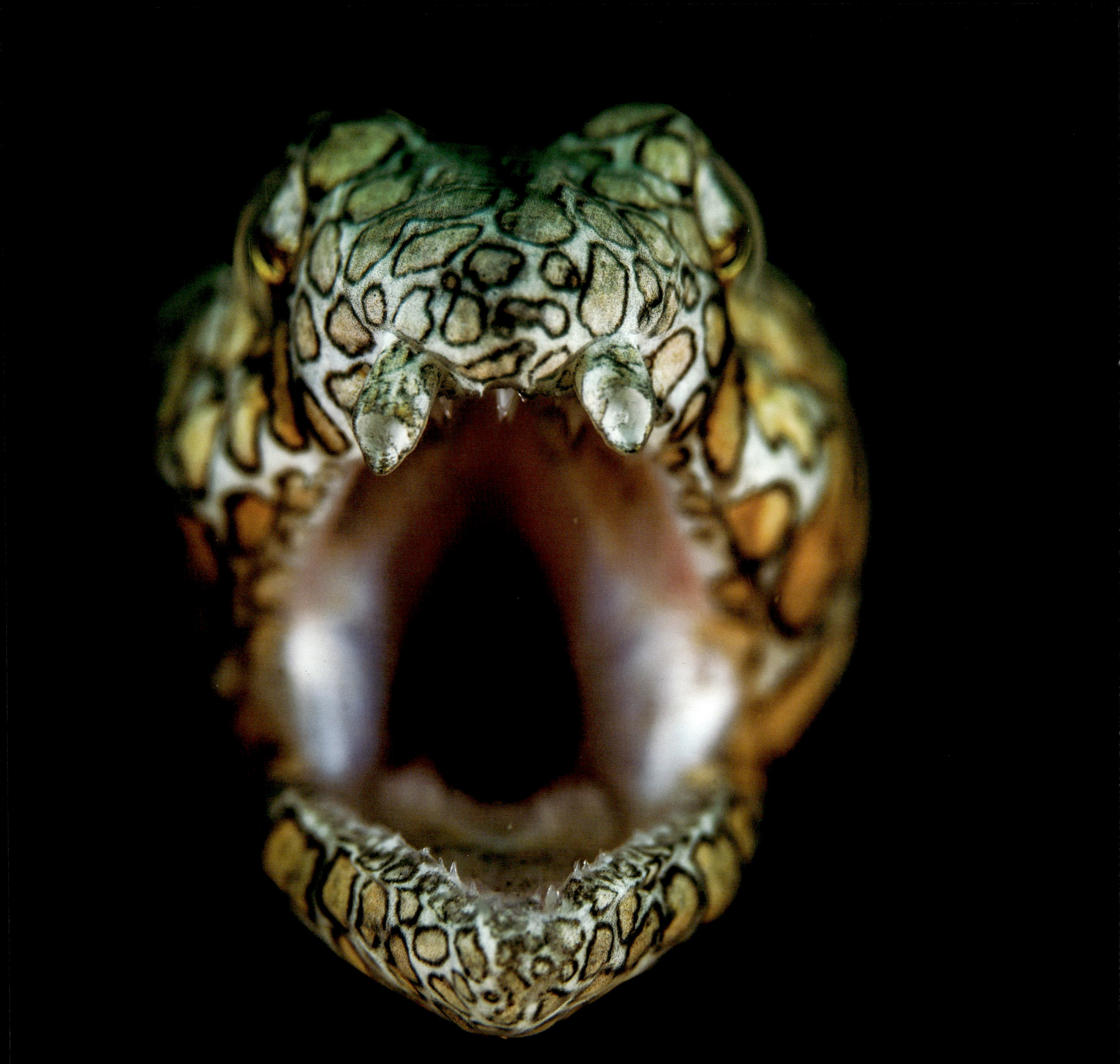

狮子鱼

它的刺有剧毒，张开鳍后不能快速游动，

但可以吓唬敌人，还能驱赶与阻挡猎物。

看起来气场很足，霸气外露，

狮子鱼每次出场都很有仪式感，
像出征的大将军临行一碗酒。

鱼卵的守护者

虾虎鱼

这是世界上最小的鱼之一，别看它小，它可是海底世界中最大的种群，有 1500 多种呢。在大自然中，越是弱小的群体，繁殖能力越强。

丛林觅食

狮子鱼还是喜欢狩猎，伪装成珊瑚或海草，静候佳音。

虾虎鱼种类繁多，好奇心强，

不太惧人，是微距摄影的好题材

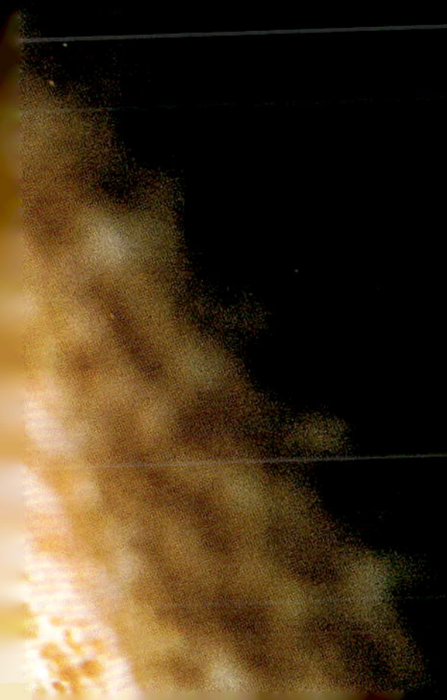

在珊瑚礁的世界，

虾虎鱼一般都会选择风景如画的地方生活，

它们负责清理珊瑚礁上的微小生物，

从而让珊瑚们能健康生长。

它们与各种微小生物一起，

各司其职地为珊瑚礁服务，

而珊瑚礁就是大海生灵们的共同家园。

离家出走

一只 Hairy goby（虾虎鱼的一种）发觉家门口外边有摄影师的灯光，它明知是在等着它出洞，
可是它还时不时好奇地探出脑袋来看摄影师走了没有，
最后它扛不过摄影师，自己先离家出走了。

漂游珊瑚虾虎鱼

稀氏虾虎鱼

杨氏吸虾虎鱼

脸上长痣的小家伙

以海鞘珊瑚为家的两只 hairy goby 在洞口呼吸新鲜的海水，看到摄影师拿着相机对准它们，露出了惊慌失色的表情。虾虎鱼是世界上最小的鱼之一，仅 2—5 厘米长。

愤怒

呐喊

为防止沙子把卵埋住，
虾虎鱼不停地在清理沙子。

小丑鱼

海葵有毒，小丑鱼却喜欢与它为伴。

再毒的对手，也有破解的密码，

一但解锁，从此忠诚一生。

一只红小丑鱼孤单地在奶嘴珊瑚中生活，
也许它的伙伴去附近溜达玩耍，
它负责看好家。

小丑鱼守着它的孩子，
再过几天，
它们就要成为大海里的新成员了。

希　望

由于种种原因，周围的硬珊瑚尽数死去，
在满目疮痍中有一棵海葵珊瑚衣冠亮丽，
还有生活在海葵里面的两条银线小丑鱼，
给这片毫无生机的海底带来了生命的希望。

紫海葵中的咖啡小丑鱼

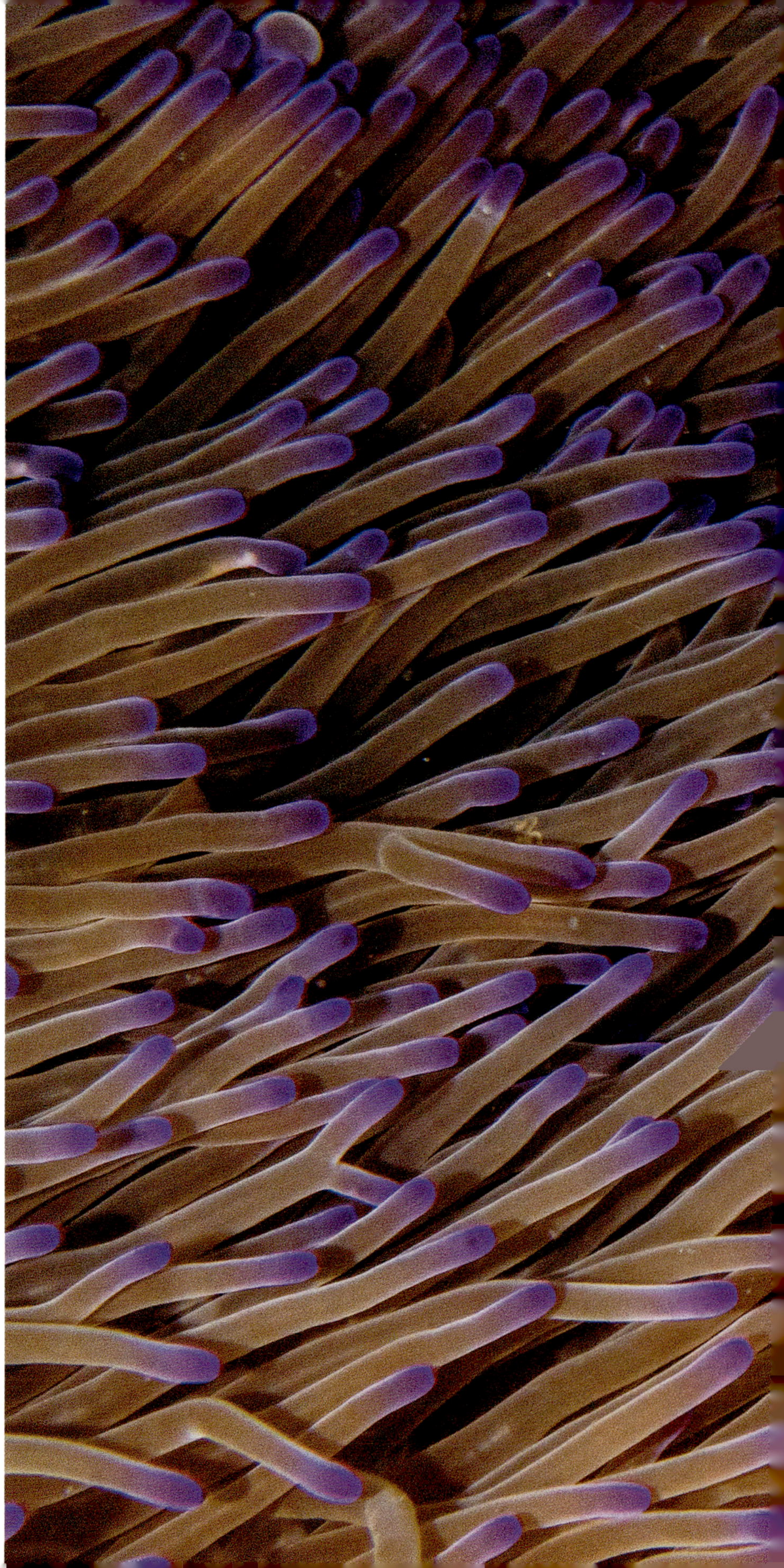

公子小丑鱼

咖啡小丑鱼

蝠鲼（Manta Ray）

海洋中的绅士，体态优雅，长翅善舞。

滤食性鱼类，

在珊瑚礁上有固定的清洁站和跟班小弟。

Manta 在海底有固定的清洁站，
每天都会来到清洁站让清洁鱼清理身上的微生物与寄生虫，
潜水员与摄影师只要在这里待着不动，
就能看到这海洋绅士的海底舞剧。

甲壳动物

大鱼吃小鱼，小鱼吃虾米，那虾米吃什么?

有些生命，

越是卑微，越显得伟大，

越是丑陋，越显得美丽。

枪虾

虾虽小，但也是带枪的。
这只生活在火焰海胆身上的枪虾只有 1.5 厘米长，
比海胆的刺大不了多少。

搭档

火焰海胆是令人生畏的，但它的毒刺像森林一样保护着以它为家的小生物们，
微距摄影师们常常会在它的身上发现各种让人叹为观止的美丽生物。
这不，两只进化得与火焰海胆刺一模一样的柯曼虾在它身上协同觅食。

海洋生物生存的原则是共生与伪装，

两只有 3 厘米长的帝王虾却高调地在海参的身上玩耍，颜色也与周围环境格格不入，

有点像高富帅来到乡下的感觉，我都替它感到危险。

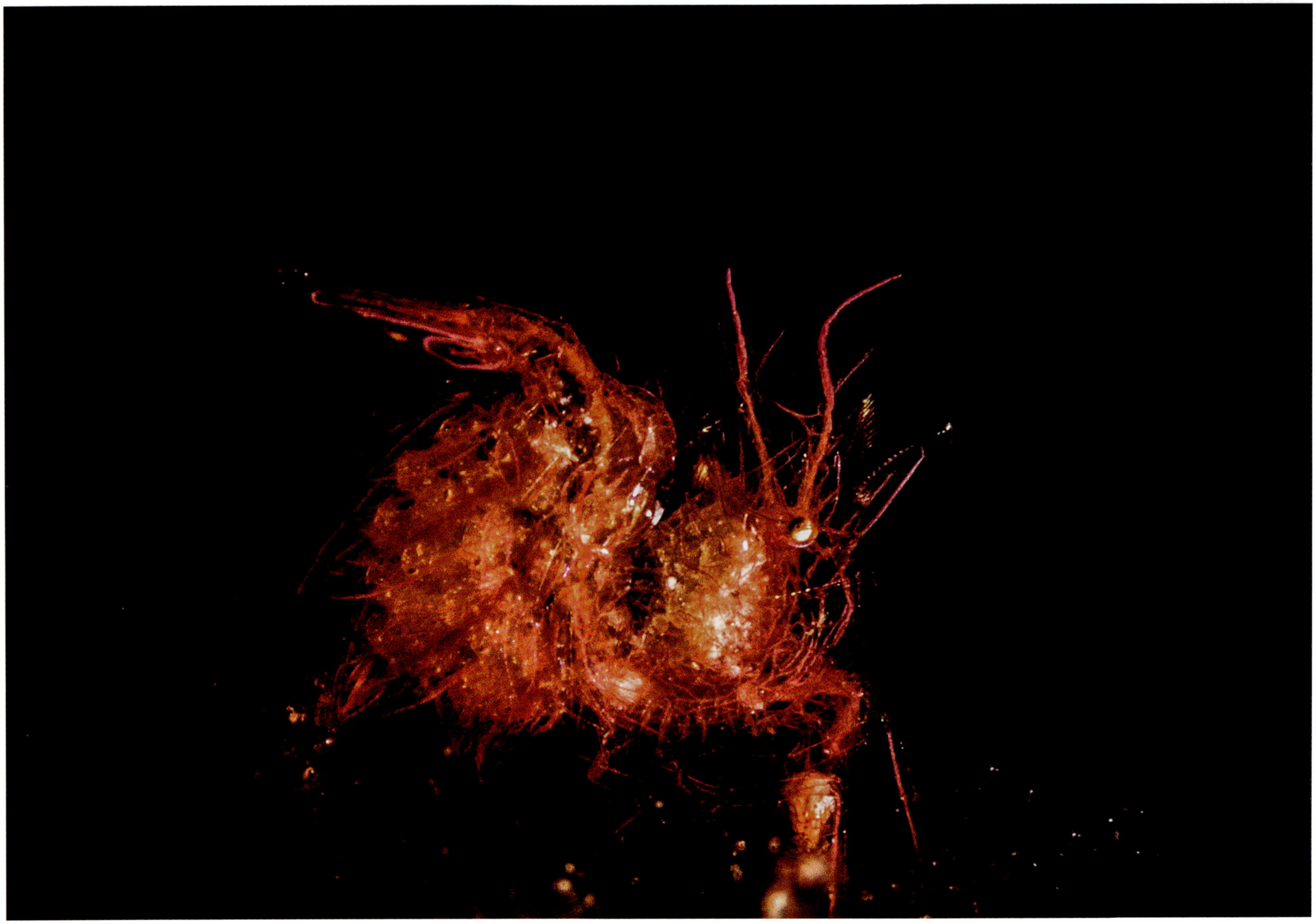

毛毛虾

它几乎像一颗绿豆大小的絮状尘埃，却有着与巨物同样的生理结构，
假如没有我们的镜头，人类的肉眼很难发现这个细微的神奇生命。

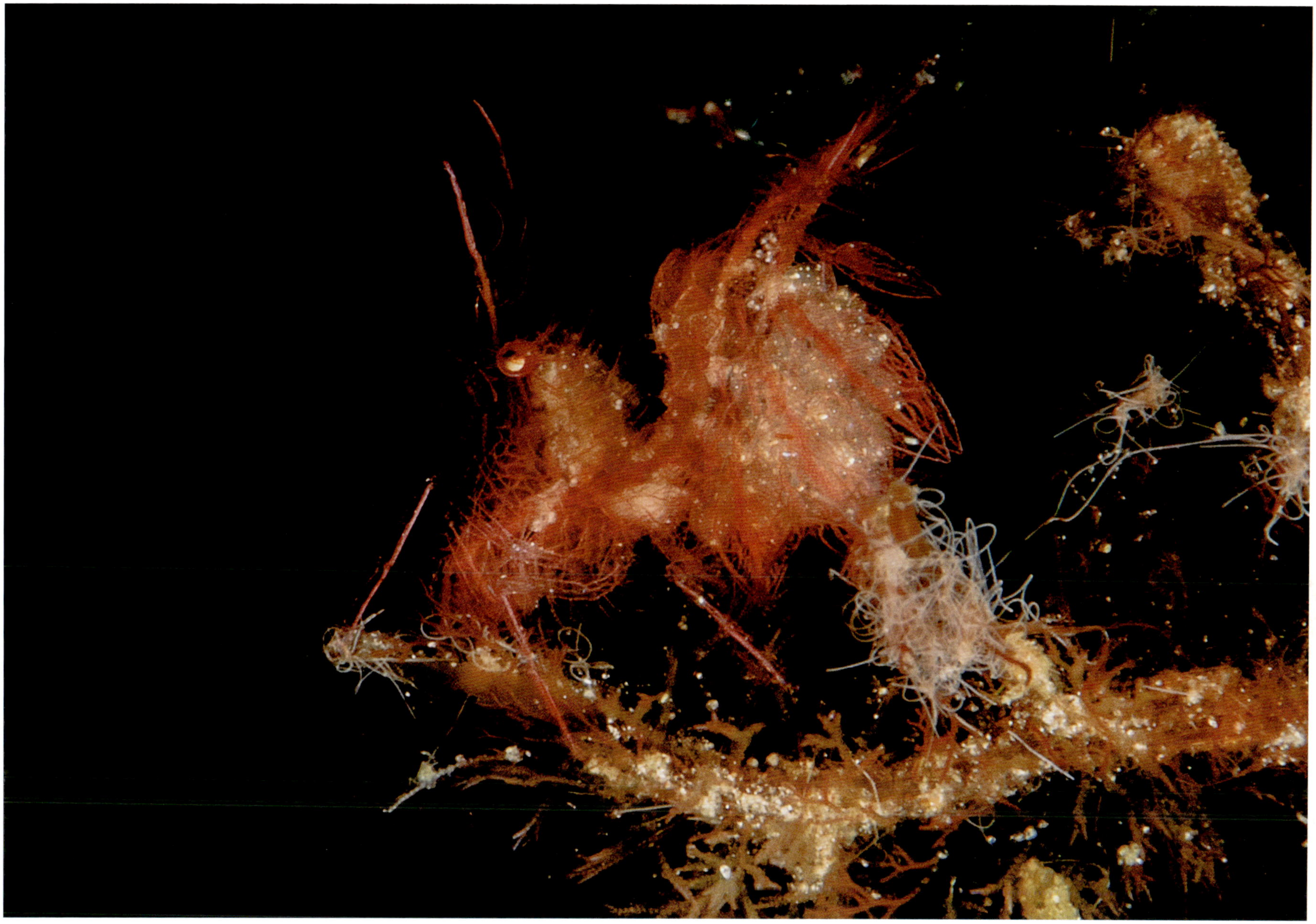

巴鲁坦星虾，可是，我更喜欢叫它唐老鸭虾

花斑扫帚虾

像在垃圾堆里长大的一个扫帚，可它身上却有着像玉石一般的纹理，

我对着这小手指大的家伙，惊叹这种丑到极美的生命。

海百合共生虾

伪装与共生

白斑拖虾，常常尾巴向上，也叫翘臀虾

油彩蜡膜虾

海鞭蜜蜂虾

海鞘虾

它在洞里待的时间太久了，所以会常常探着个脑袋出来看看外面的世界，
而洞口外面危机四伏，它随时可能被游过的小鱼儿一口吞了，因为它才 3 厘米长。

芳心大开的扇贝，它们就是这样跑路的

巨砗磲的唇

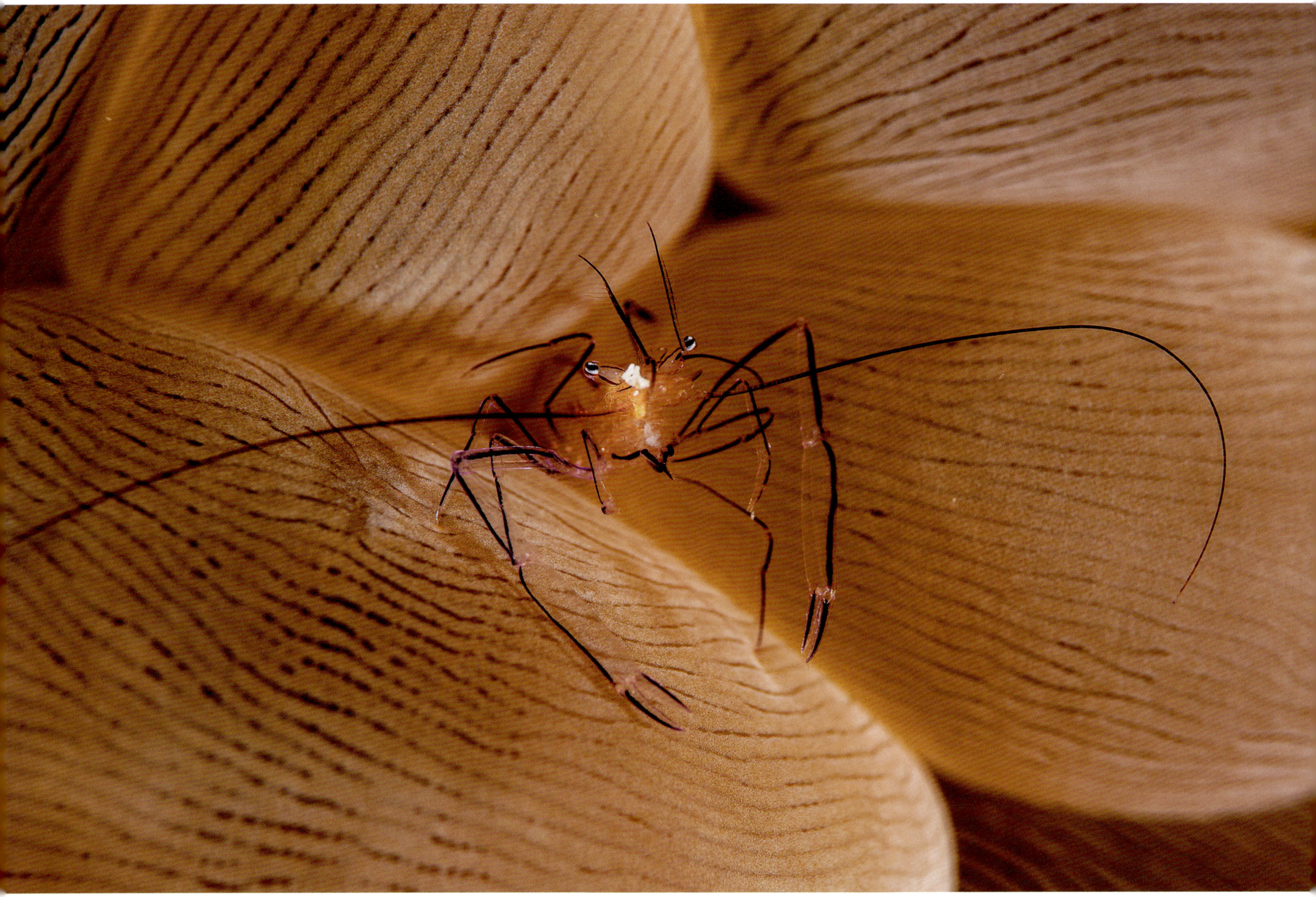

气泡珊瑚里，一只透明清洁虾大胆地爬了出来。
它们与气泡珊瑚相依为命，是气泡珊瑚的保健医生与保洁阿姨。

透明清洁虾

寄生蟹的壳上带着软装，它养着几个小海葵在身上，

当这个壳容不下身时，

它会再换一个壳寄生，并把海葵带到新家。

雀尾螳螂虾

珊瑚礁是大海的心脏，是海洋生命的起源，保护珊瑚礁的健康与完好，是每个人的职责。

大海不需要人类，人类却离不开大海。

所以，我们每个人心里也应该有一个大海。

第四章

每个人的大海……

人与海洋

人类不能像鸟儿一样在天空自由自在的飞翔，
却能做到像鱼儿一样在海底自由自在的遨游。
我不是鸟，我是鱼，
我想两者感觉应该差不多，
都是脱离了地心引力的牵绊，
都是可以悬浮在“空中”。

访客

水面支援团队

人类对海洋的了解远比太空要少，但依赖今天的科技，人类慢慢揭开了海洋的神秘面纱。

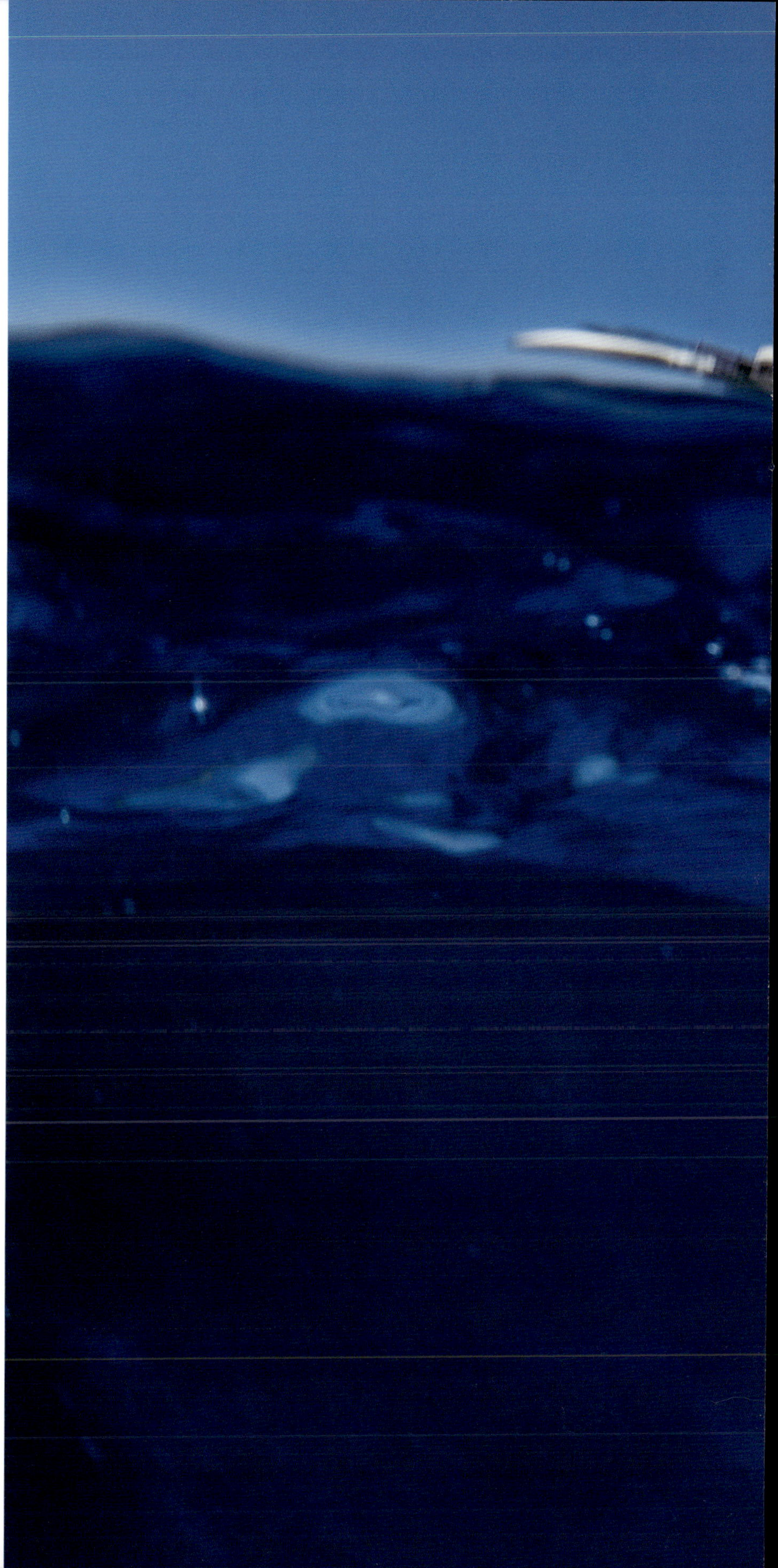

帕劳水母湖的无毒水母

塞班蓝洞：那一抹醉人的蓝

海底峭壁

人工的家园

人类喜欢往海里丢弃一些没有用的东西，
有些“天外来物”也可以充当海洋生物的家园。
人类总是在不断的破坏与重建中重复，
常常破坏了大自然的作品，又重建自己的“杰作”。

人类的战争对海洋是有影响的，
至少在看不见的海底，埋藏着数不清的战争工具。

从天而降

若干年过后，
沉船身上长出了硬珊瑚与软珊瑚，
海洋生物也会把沉船当成它们的家，
至少在空旷的海域里，不至于流离失所。

一只狮子鱼把家安在了沉船里

一只章鱼钻到了人类丢弃的瓶子中栖息，
尴尬的是旁边的塑料垃圾袋上居然印着它的头像。

图书在版编目（CIP）数据

珊瑚花园 / 潮和著 . -- 海口 ：海南出版社，
2018.4
（蔚蓝国度系列丛书）
ISBN 978-7-5443-8135-2

Ⅰ . ①珊… Ⅱ . ①潮… Ⅲ . ①海洋生物—摄影集
Ⅳ . ① Q178.53-64

中国版本图书馆 CIP 数据核字 (2018) 第 065080 号

蔚蓝国度系列丛书 · 珊瑚花园

作　　者：潮　和
责任编辑：李秋云　陈　霞
装帧设计：黎花莉
印刷装订：雅昌文化（集团）有限公司
出版发行：海南出版社
地　　址：海口市金盘开发区建设三横路 2 号
邮　　编：570216
电　　话：0898-66816923
经　　销：全国新华书店
开　　本：787mm×1092mm　1/12
字　　数：150 千字
印　　张：25.5
版　　次：2018 年 5 月第 1 版　　2018 年 5 月第 1 次印刷
书　　号：ISBN 978-7-5443-8135-2
定　　价：268.00 元